魚の世界へようこそ

　いそあそびや釣り、水族館の展示やおいしい魚料理。わたしたちのまわりには、さまざまな形で魚との出合いがあります。

▲あたたかい海でイソギンチャクとくらすカクレクマノミ

魚のすむところ

種類や生態によって魚がすむところはさまざま。
大きく分けると川や湖などの淡水、塩がとけこむ
海水でくらしています。

▲タテジマキンチャクダイとサンゴ礁
サンゴ礁や岩礁は身をかくせるすきまが多く、さまざまな魚
たちのすみかとなっています。

▲浅い海の底でくらすアカエイ
平らでなめらかな体をもち、砂に潜って身をかくします。

川

▲川をのぼるサクラマス
川でうまれ、海や湖に下って成長したのち、うまれた川に帰ってくる習性があります。

魚たちのわざ

きびしい自然の中で生きぬくため、変わった特ちょうやとくぎをもった魚もいます。

まきつく！

▲海そうにまきつくタツノオトシゴのなかま

タツノオトシゴのなかまは海流に流されないよう、長い尾を海そうやサンゴにまきつけて体を固定します。

とぶ！

▲海面上をとぶトビウオのなかま
　水の中からとび出し、胸びれを広げて海面上をとびます。飛行するきょりは数百メートルにもなることがあります。

魚たちのわざ
かくれる！

▲まわりにとけこむオニダルマオコゼ
岩や海そうにそっくりな姿になってかくれ、小魚などのえものをまちぶせます。

もぐる！

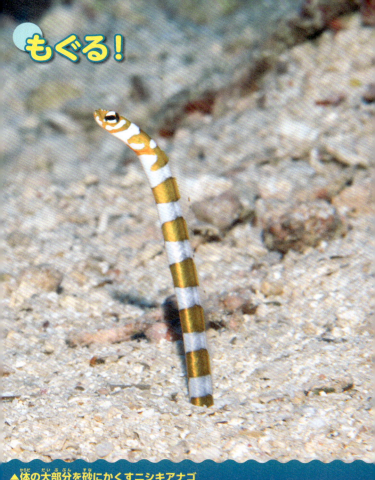

▲体の大部分を砂にかくすニシキアナゴ
　頭と体の一部を砂から出していて、大きな魚が近づくと体全体を砂の中に引っこめます。

魚の体のつくり

魚はさまざまな姿をしていますが、基本的な体のつくりは同じです。マダイを例に、魚の体を見ていきましょう。

えらと複数のひれ

主に胸びれ、腹びれ、背びれ、しりびれ、尾びれをもち、これらのひれで泳ぐ方向やスピードを調整しています。また、えらぶたの内側には水中で呼吸を行うためのえらがあります。

体の表面

ほとんどの魚の体の表面はうろこでおおわれています。うろこの形や大きさは魚によってことなり、体を守ったり泳ぎを助けたりするはたらきがあります。

▲コイのうろこ

体のつくり（マダイ）

　平たい形をしているため、泳ぐ速さや向きを急に変えることが得意です。ひれにかたいとげをもち、体の表面には青い斑点があります。

尾びれ

しりびれ

尾びれの形

　水中を泳ぐための尾びれは、魚の種類によって大きく形がことなります。

サバ　　　　　　　ゴンズイ　　　　　　ヒラメ

魚のクイズ図鑑 もくじ

巻頭特集
魚の世界へようこそ ……………………………… 2

クイズ 1～14
魚の体 ……………………………………………… 14
魚の体や卵のひみつにまつわるクイズ

クイズ 15～39
食べられる魚 …………………………………… 50
サケ、マダイ、ヒラメ、カレイ、マグロなどのクイズ

クイズ 40～55
きけんな魚 ……………………………………… 110
サメ、フグ、アカエイ、ウツボ、ミノカサゴなどのクイズ

クイズ 56〜62
深海にすむ魚 ・・・・・・・・・・・・・・・・ 134
深海魚の特ちょうや生きた化石、オニアンコウ、
キバハダカなどのクイズ

クイズ 63〜100
いろいろな魚 ・・・・・・・・・・・・・・・・・ 146
ジンベエザメ、カクレウオ、チンアナゴ、マンボウ、
タツノオトシゴなどのクイズ

この図鑑では動物の大きさなどを
このように表しています。

大きさ

■単位

■長さ
mmは、ミリメートルです。
cmは、センチメートルです。(1cmは、10mmです。)
mは、メートルです。(1mは、100cmです。)
kmは、キロメートルです。(1kmは、1000mです。)

■重さ
gは、グラムです。
kgは、キログラムです。(1kgは、1000gです。)
tは、トンです。(1tは、1000kgです。)
■速さ… 時速は、1時間に進むきょりです。

クイズ1 魚の種類はどれ

色や形もさまざまな魚たち。世界の海や川などには、どれくらいの種類の魚がいるでしょうか。

1. 16000種以上
2. 26000種以上
3. 36000種以上

水族館でもたくさん見たことがあるわ。

くらい?

いろんな見ための魚がいるね！

クイズ1 答え ③ わかっているかぎりで、36000種以上！

魚類はおよそ36400種いるとされ、人間や動物などの哺乳類（約6700種）よりずっとたくさんいると考えられています。

すんでいるところで見ためもちがうんだね！

海や川、湖に沼など、水の温度や深さ、塩がふくまれるかなど環境はさまざまです。それぞれに多くの魚がくらしています。

クイズ2 魚と人に共通している

魚とわたしたち人間は、姿も体の大きさもちがいますが、じつは共通した特ちょうがあります。

① 2本足で立てる
② 体の中に背骨がある
③ 水の中でも息ができる

体の特ちょうは？

クイズ2 答え② 魚にも体の中に背骨がある

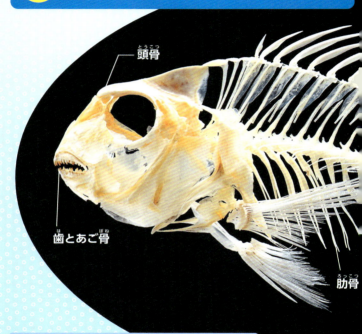

頭骨

歯とあご骨

肋骨

人間と同じように、多くの魚も体の中に背骨をもっています。人間の背骨は、体を前にたおしたり後ろにそったり、前後によく動きますが、魚の背骨は左右によく曲がります。

じつは何億年も前にさかのぼると、人間の祖先は背骨をもった魚だったとわかっています。背骨はそのころから受けつがれてきた特ちょうです。

背骨

マダイ
■体長：1m ■分布：日本各地の沿岸の岩礁や砂底
●4～6月に産卵。食用魚

クイズ3 この中で魚ではないのはどれ？

いずれも水中にくらしていますが、魚ではない生きものがまぎれています。どれでしょうか。

① イルカ

② サメ

ドチザメ
■全長：1.5m ■分布：琉球列島をのぞく日本各地の沿岸の砂泥底、藻場 ●春に子をうむ

魚じゃないって……!?

③ マグロ

ハンドウイルカ（バンドウイルカ）
■全長：3m ■分布：熱帯から温帯の陸近くの海 ●人になれやすく、水族館などでもたくさんかわれている

クロマグロ
■体長：3m ■分布：日本各地、外洋の表層から中層 ●アメリカ西海岸まで回遊するものもいる。食用魚

クイズ3 答え① イルカは魚ではない

イルカやクジラはわたしたちと同じ、哺乳類です。魚のようには水中で呼吸ができないので、ときどき水面に顔を出して息つぎをしています。

▲イルカは、頭にある鼻のあなを海面に出して息をしています。

泳ぎながら息つぎするのはぼくたちと同じだね。

魚ってどんな生きもの？

魚は、水中でくらしているせきつい動物（背骨がある動物）のひとつです。ひれを使って水中を泳いで移動し、えらを使って水中で息ができる生きもののことです。

魚ではない水中の生きものとは？

水中でくらしているけれど、魚ではない生きものもいます。イルカやウミガメは、えらがないため水中で呼吸できません。そのため、水面にあがって息つぎをします。クラゲには背骨がなく、水中で息はできますが、えらはありません。

クイズ4 魚の背中にあるこの部分はなに?

1. ひらひら
2. 背びれ
3. とさか

メダカは池でよく見るね！

魚の背中に注目すると、何かひらひらとしたものがついています。何と呼ばれるものでしょうか。

メダカ（ミナミメダカ）
■体長：4cm ■分布：下北半島から兵庫県までの日本海側をのぞく日本各地の池や川 ●地方によってさまざまな呼び名がある

クイズ4 答え ②「背びれ」をはじめ、いろいろな「ひれ」が魚の特ちょう

魚のひれは、泳ぎの向きやスピードを調整します。魚にとって、わたしたちの手足と同じようなものです。

背びれ
胸びれ
腹びれ
しりびれ

コイ
■体長：80㎝　■分布：日本各地（飼育型）、琵琶湖（野生型）　●4～7月ごろ、水草に20～60万個の卵をうむ

いろいろなひれ

ホウボウ
海底を歩くためのやわらかくて先が枝分かれすることのある軟条と、うちわのような胸びれがあります。

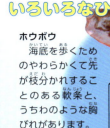

胸びれ

軟条

尾びれ

尾びれ

クエ
円に近い尾びれは、一度に多くの水をかくことができるため、すばやく動けます。

クイズ 5 体の左右にそろってついているひれはどれ？

魚のひれのうち、わたしたちの手足のように、体の左右にそろっているひれはどれでしょうか。

背びれ / 尾びれ / しりびれ / 胸びれ / 腹びれ

ヒラスズキ
■体長：80㎝　■分布：南日本の沿岸の岩礁域
●スズキに似ているが川はのぼらない

1. 胸びれと尾びれ
2. 胸びれと腹びれ
3. 腹びれと背びれ

クイズ6 病気や敵などから魚の体を守るのは？

この写真は水中のさまざまなきけんから魚の身を守る"じょうぶなよろい"を拡大したものです。何と呼ばれるものでしょうか。

1. うろこ
2. えら
3. ひれ

クイズ5 答え ② 胸びれと腹びれは体の左右についている

魚の体にはたくさんのひれがあり、役割に応じてさまざまな形をしています。中でも胸びれと腹びれは、泳ぎのかじ取りなどに使われる大切なひれで、ほとんどの魚がもっています。

コイ　トビウオ　エイ

これらの魚は見ためが大きくことなりますが、胸びれと腹びれは、みんな左右にひとつずつもっていることがわかります。

マンボウのめずらしいひれ

フグのなかま、マンボウには腹びれがありません。小さな胸びれでバランスをとり、発達した背びれとしりびれで泳ぎます。

背びれ／胸びれ／しりびれ／かじびれ

クイズ6 答え① じょうぶなうろこで魚の体を守る

　かたくてじょうぶなうろこは、魚の身を守ったり、速く泳ぐのを助けたりします。うろこはほとんどの魚にありますが、アンコウなど、うろこがない魚は粘液を身にまとって体を守っています。

マツカサウオ

マツカサウオは、かたいうろこが特ちょうで、ヨロイウオと呼ばれることがあります。

ハコフグ

うろこがきれいなもようにもなっています。

ハリセンボン

とげ状のうろこを立てられます。

クイズ 7 えら呼吸するとき、水は魚の体のどこから入る？

わたしたち人間とちがって、魚は水中でえらを使って呼吸できます。体のどこから水をとりこんでいるのでしょうか。

① 尾びれ
② 口
③ 目

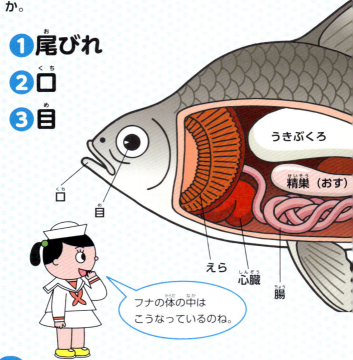

フナの体の中はこうなっているのね。

クイズ 8 🐟魚の体

うきぶくろって何のためにある？

このフナの体内にある大きな「うきぶくろ」という器官は、中がスカスカで空気しか入っていません。いったい何のためにあるのでしょうか？

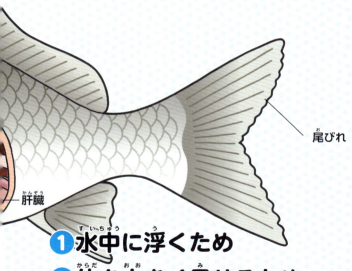

尾びれ

肝臓

1. 水中に浮くため
2. 体を大きく見せるため
3. 息を長くとめるため

クイズ7 答え ② 口から入った水で呼吸している

　水中の酸素をとりこむのが「えら」です。魚の口に入った水は、えらをとおって体の外に出ていきます。このとき、水にとけていたわずかな酸素がえらの表面から体内にとりこまれます。

魚は口から水を入れ、えらの間から出します。

えらを拡大したところ

酸素／ひだ／血管／二酸化炭素／水

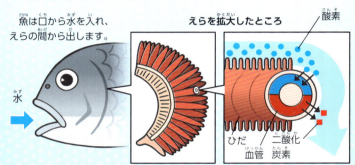

　えらは小さなひだの集まりでできています。そこにある血管から水中の酸素を吸収し、二酸化炭素などのいらないガスは外に出します。

魚のえらは、水中で使うようにできているので、水から出ると魚は呼吸できません。

水の中に酸素がとけているんだね！

うきぶくろで、水中にらくらく浮かんでいる

クイズ8 答え①

筋肉や骨がしっかりとした魚の体は、水よりも重いのでうきぶくろがないと水中で沈んでしまいます。わたしたちが浮き輪をつけて水に浮かぶように、空気をためているのが「うきぶくろ」です。

アジのなかまの群れ

サメなどの魚はうきぶくろをもっていません。特に外洋性のサメなどは下に沈まないよう、ずっと泳いでいます。

ヨシキリザメ

クイズ9 魚の目の特ちょうで、まちがっているのは?

魚の目の特ちょうとして、ひとつだけあてはまらないものがあります。どれでしょうか。

フサギンポ
■体長:50cm ■分布:北日本の水深30mまでの岩礁域 ●北海道では春から初夏に多い

① 何十kmも遠くが見える
② まぶたがない
③ 見えるはんいが人より広い

クイズ10 魚の体の横にある線は何？

魚の体をよく見ると、体の側面に線のようなものがあります。これは何でしょう。

ここ

マダイ
■体長：1m　■分布：日本各地の沿岸の岩礁や砂底
●4〜6月に産卵。食用魚

1 水中のゆれを感じるところ
2 美しいかざり
3 泳ぎを速くするためのみぞ

クイズ9 答え ① 広いはんいを見ることができ、まぶたがない

　水中では上下左右から敵がやってくるため、魚は前や後ろなど広くまわりを見わたせる目をもっています。頭を真上から見ると、目の場所は左右にはなれていて、少しつき出ているのがわかります。

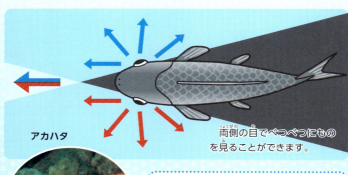

両側の目でべつべつにものを見ることができます。

アカハタ

多くの魚は、体の左右に少し出た目でまわりを見ています。

目が体の片側によった魚もいる

　海底にすむカレイなどは、上を見るために目が体の片側によっています。

マガレイ

クイズ10 答え① 「側線」で水中のゆれを感じることができる

魚には、人間のような耳のあなはありません。でも、体の側面には一列のうろこにそって並ぶ小さなあながあり、ここで水中のゆれを音のように感じています。この小さなあなの列は、魚の体の側面にあるため「側線」と呼ばれます。

群れで泳ぐ魚は側線でお互いのきょりを感じているんだって。

クイズ 11 この魚のしまもようは、何という?

しまもようが特ちょうのこの魚の名前にもなっています。

1. たてじま
2. 横じま
3. 前後じま

人だったら、これが横じまになるんだけど。

クイズ12 この中で、実際に存在する魚はどれ？

どれもウソみたいな特ちょうですが、このうちひとつができる魚はたくさんいます。

① 言葉をしゃべる魚
② 体から光を出す魚
③ 口から火をはく魚

クイズ11 答え ① タテジマキンチャクダイの「たてじま」

魚の頭から尾にのびる方向を「たて」と呼びます。タテジマキンチャクダイのもようは、幼魚のころは丸く、成長する間にたてじまに変わります。このほかヨコシマクロダイという名前の魚もいます。

タテジマキンチャクダイ
■体長:40cm ■分布:南日本・琉球列島の岩礁やサンゴ礁域
●幼魚と成魚でもようがちがう

ヨコシマクロダイの幼魚
背から腹にのびる方向が「横」です。ヨコシマクロダイのもようは、幼魚のころに横しまがあり、成魚になると消えてしまいます。

成魚

ヨコシマクロダイ
■体長:45cm ■分布:南日本・琉球列島の沿岸の砂れき・岩礁やサンゴ礁域

クイズ12 答え ② 体から光を出す魚がたくさんいる

海の中には体の一部を光らせることができる魚がたくさんいます。敵をおどろかしたり、えものをさそったり、その目的はさまざまです。特に、深海には光を出す魚が多くいます。現在は1000～1500種の魚が光を出すと考えられています。

ハダカイワシは腹に並んだ発光器をにぶく光らせ、自分の影をうすくすることで下からねらう敵の目をごまかします。

◀マツカサウオは下あごの腹側に発光バクテリアが共生していて発光します。

クイズ13 卵がふ化するために必要な栄養は？

写真はメダカの卵です。お母さんメダカが卵をうんでから9日後にふ化が始まりました。卵が成長してかえるための栄養は、どこからもらったのでしょうか。

❶ 親メダカが
   えさを与える
❷ 卵が自分で
   えさをとる
❸ 卵の中に
   栄養が入っている

クイズ14 卵からうまれた魚の成長順で正しいのは？

人間の「赤ちゃん・子ども・おとな」のように、卵からかえったあとの魚は、どのような順で成長していくのでしょう？

❶ 卵→幼魚→稚魚→成魚

❷ 卵→成魚→幼魚→稚魚

❸ 卵→稚魚→幼魚→成魚

卵から出てきているのね！

クイズ13 答え ③ ふ化に必要な栄養は卵の中に入っている

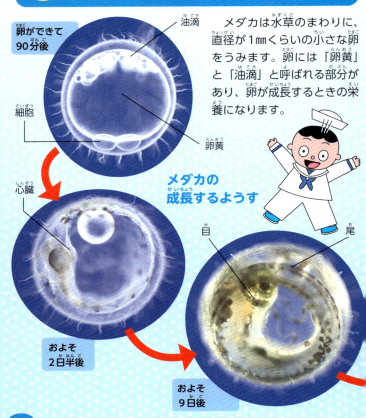

卵ができて90分後 / 油滴 / 細胞 / 卵黄

メダカは水草のまわりに、直径が1mmくらいの小さな卵をうみます。卵には「卵黄」と「油滴」と呼ばれる部分があり、卵が成長するときの栄養になります。

メダカの成長するようす

心臓 / およそ2日半後

目 / 尾 / およそ9日後

クイズ14 答え ③ 「稚魚」から「幼魚」になって「成魚」に成長する

稚魚は魚の赤ちゃん、幼魚は魚の子ども。おとなになった魚は成魚と呼びます。

成魚
（体長3〜4cm）

幼魚
（体長1〜3cm）

ひれが分かれる。

稚魚
（体長5〜10mm）

脳
目
油滴

背びれ、尾びれ、しりびれはまだ一枚につながっている。

クイズ15 日本料理にかかせない

みそしるや冷やっこなど、かつおぶしは日本料理にかかせません。どの魚がカツオでしょうか？

かつおぶし

▼カツオの身をさばいているところ。

カツオを加工して、黒くかたい状態になったものがかつおぶしです。まるで木のようです。わたしたちが食べているのはこれをけずったものです。

かつおぶしのカツオはどれ？

クイズ15 答え ② カツオは古くから日本で愛されてきた魚

　かつおぶしは、カツオの身をゆでてけむりでいぶしたあと、カチカチになるまで干して、独特のカビをつけて乾かすとできあがります。かつおぶしは古くから親しまれている保存食ですが、つくるのはとても手間がかかるのです。

かつおぶしのできるまで

◀カツオの身をゆで、皮や骨をのぞいたあとでけむりでいぶします。

▶独特のカビを身につけ、天日干しをくりかえすことで、かちかちになるまで乾かします。

いろいろな魚の保存食

アジのひもの

マアジの開きに塩味をつけ、天日で乾燥させます。生のままではくさりやすいものが、日持ちがするようになり、風味もよくなります。

❶ マアジ

❸ マイワシ

めざし

イワシを塩水につけたあと、目のところにわらや串をさしてまとめて天日で乾燥させます。塩味をつけて干すと、身がしまります。

クイズ16 この中でサケのなかま

魚の種類は、色やもようだけでなく、体のつくり、くらしなどで区別されます。サケに似ているもの、似ていないものがわかりますか？

サケ
■体長：70cm ■分布：北日本の沿岸から沖合の表層・河川 ●9〜1月に川にのぼり産卵する

ひれの数やつき方もなかまを見分けるヒントになるよ。

食べられる魚じゃないものはどれ？

❶ シシャモ

❷ アユ

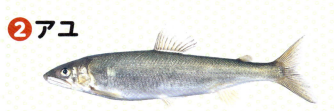

❸ スケトウダラ

海にすむスケトウダラは、タラのなかま

クイズ16 答え ③

シシャモとアユは川にくらすサケのなかまです。ひれのつき方も似ています。スケトウダラは海にすみ、サケのなかまではありません。魚は、体やくらしの特ちょうでなかま分けされます。

サケのなかま

サケ

サケ、シシャモ、アユはいずれも川でうまれ、海に出てしばらく生活し、やがて川にもどって産卵します。

シシャモ
■体長：10㎝ ■分布：北海道太平洋岸の浅海域・河川 ●写真はめす。10～11月に川で産卵

アユ
■体長：15㎝ ■分布：屋久島以北の日本各地の川の上・中流の瀬 ●10～11月に産卵。釣りで人気の魚

食べられる魚

いろいろな魚のなかま

タラのなかま

北日本の海にすむスケトウダラはタラのなかまです。

スケトウダラ
■体長:60cm ■分布:北日本の水深2000m以浅
●卵巣は「たらこ」として親しまれる

マダラ
■体長:1m ■分布:北日本の水深1280m以浅 ●食用魚として重要

トウジン
■全長:70cm ■分布:南日本の太平洋側、水深150〜1000mの海底 ●腹部に発光器をもつ

スズキのなかま

スズキのなかまは、魚類のなかでも特に種類の多いグループです。アジ、ブリ、カンパチ、タイなどおなじみの魚も、スズキの親せきです。

スズキ
■体長:1m ■分布:琉球列島をのぞく日本各地の沿岸 ●冬に産卵し、特に幼魚は川をのぼる

カンパチ
■体長:1.5m ■分布:南日本の沿岸の中・底層 ●夏に産卵。寿司などでもおなじみ

クロダイ
■体長:50cm ■分布:琉球列島をのぞく日本各地 ●成長するとおすめすが変わる

クイズ 17 お寿司のイクラは何の卵？

直径が3mmくらいの大きさで、宝石のように赤く輝くイクラ。ある魚の卵です。

❶ サケの卵
❷ ニシンの卵
❸ スケトウダラの卵

クイズ 18

お寿司のトロは、マグロのどの部分？

食べられる魚

赤くてやわらかいトロは、マグロの体のあるところからとれた身です。どこでしょうか。

おいしそう！

① えらの肉
② 背の肉
③ 腹の肉

クイズ17 答え ① イクラはサケの卵を味つけしたもの

イクラはサケの卵にしょうゆで味つけしたものです。卵をとり出してばらばらにする前のものはすじこと呼ばれます。ほかにもさまざまな魚の卵が食用にされています。

イクラを味つけしているところ

かずのこ　ニシンの卵です。

たらこ　スケトウダラの卵です。

クイズ18 答え ③ トロはあぶらの多い、腹の肉

　やわらかい腹の肉がトロです。マグロは、体の部位によって、さしみの味と呼び方が変わります。筋肉が多い部位ほどひきしまった赤い肉になり、あぶらが多い部位ほど、やわらかくて白っぽい肉になります。

マグロ肉のいろいろな部分
　部位によって味やかたさがちがいます。

赤身　　中トロ　　大トロ

クイズ19 さしみには、身が赤い魚と白い魚があるのはなぜ？

身の色で、赤身と呼ばれる魚と、白身と呼ばれる魚がいます。なぜ色がちがうのでしょう。

おさしみの味や歯ごたえもちがうよね。

① 体についているあぶらの量
② 発達している筋肉のちがい
③ さしみのつくり方のちがい

クイズ20 浅い海を泳ぐ魚は背が黒っぽく、腹が白っぽいのはなぜ？

食べられる魚

市場で売られている魚です。背の色がこく、腹の色がうすい魚がたくさんいます。

① 死ぬと背が黒っぽくなるから
② 食べ物で腹が白くなるから
③ 敵に見つかりにくいから

クイズ19 答え ② 身の色は、発達している筋肉のちがい

赤身魚と白身魚では泳ぎ方にちがいがあり、発達している筋肉もちがいます。

身が赤い魚

長きょり選手

たとえるなら陸上の長きょり選手です。長い時間に一定の力を出し続ける筋肉は赤く、赤身魚は長きょりを泳ぎ続けるのが得意です。

身が白い魚

短きょり選手

たとえるなら陸上の短きょり選手です。瞬間的に強い力を出す筋肉は白く、白身魚は短時間にすばやく泳ぐのが得意です。

クイズ20 答え ③ 海面近くでおそってくる敵の目をごまかすため

　黒っぽい背中は、上からくる敵の目をごまかします。海面は上から見ると暗いので、水中の黒っぽい背中が見えにくくなります。逆に、海底の敵が海面を見上げると、太陽光が入って明るい色が見えにくくなるため、白っぽい腹が目立ちません。

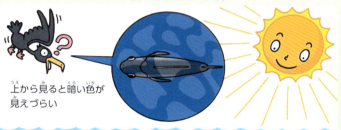

上から見ると暗い色が見えづらい

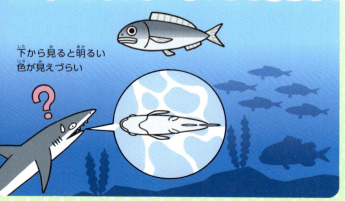

下から見ると明るい色が見えづらい

クイズ21 これは何をつくっているところ？

川魚で人気のニジマスの代表的な料理です。ニジマスの内臓などをとりのぞいて味つけをし、乾燥させてからけむりをあててつくります。

食べられる魚

写真はニジマスを大きな容器の中につるし、下からけむりをあてるものです。このように調理したものを何というでしょうか。

❶ 魚の「けむりがけ」
❷ 魚の「くんせい」
❸ 魚の「もくもく焼き」

この料理は、むかし焼き魚をしていたとき、近くにつるしてあった魚にけむりがあたってぐうぜんできたといわれています。

クイズ21 答え② くんせいは魚をけむりでいぶしたもの

　魚のくんせいは、古くから世界各地で親しまれてきた調理法です。けむりを十分にあてると菌が死んで、魚は長い間くさらずに食べられるようになります。冷蔵庫がなかった時代には、ひものと同じく保存食として大切にされていました。

ニジマスのくんせい

▶とても手間はかかりますが、大変おいしくなります。

ニジマス
■体長：40cm　■分布：日本各地の河川・湖沼・人工養殖場　●1877年にアメリカから移入した魚

けむりでくさりにくくなるんだね。

食べられる魚

いろいろな魚の加工品

魚の缶づめ

「缶づめ」は、火にかけて殺菌した食べ物を、すぐに容器に閉じこめてつくります。殺菌した状態を保つことで、長く保存することができます。マグロを油につけたツナの缶づめはおなじみですね。

魚の「かんろ煮」と「つくだ煮」

「かんろ煮」（写真上）と「つくだ煮」（写真下）は、しょうゆと砂糖をたっぷり入れて煮こむ調理法です。とてもこい味つけだと、菌は増えにくいので保存しやすくなります。

長く保存できておいしいってすごいね！

クイズ22 これは何をつくって

いるところ？

魚のうろこや皮、骨などをとって身だけをすりつぶしています。いったい何ができるのでしょうか。

1. **酢づけ**
2. **かまぼこ**
3. **オイルづけ**

力の強そうな機械で何かをまぜているね！

クイズ22 答え ② 魚の身をすりつぶして、かまぼこをつくっている

　かまぼこは、小さい魚や肉質にくせのある魚など、そのまま料理するには向かない魚を使います。よく使われるのは、ニベのなかま、サメのなかま、エソのなかま、スケトウダラなどです。かまぼこは、魚の皮や骨を大まかにとって機械で身をすりつぶした後、しっかり裏ごしして蒸し上げます。このような加工品を練り製品と呼びます。

◀裏ごし機にかけて、残っていた皮やうろこをきれいにとりさります。

かまぼこは魚を加工したものなんだね！

▶練りこんだすり身を板にのせ、蒸すとできあがりです。

いろいろな練り製品

かまぼこなど

おなじみの紅白かまぼこのほかに、板につけずに焼くささかまぼこなどもあります。ちくわは魚の身を竹の棒に巻きつけて焼いたものです。

さつまあげ

魚をすり身にして、野菜などをまぜこみ、油であげたものがさつまあげです。

魚肉ソーセージ

いろいろな魚肉を利用した魚肉ソーセージも、魚のすり身を加工したものです。

クイズ23 ブリの稚魚は何と呼ばれている？

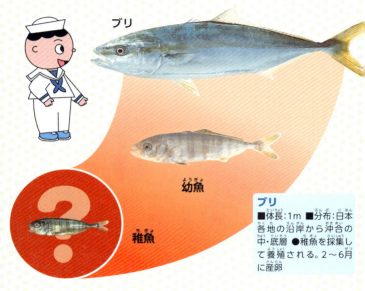

ブリ
幼魚
稚魚

ブリ
■体長：1m ■分布：日本各地の沿岸から沖合の中・底層 ●稚魚を採集して養殖される。2～6月に産卵

ブリは、うまれてから成長して体が大きくなるにしたがって、呼び名が変わります。小さな稚魚は何と呼ばれるでしょうか。

① わかっこ
② ぶりっこ
③ もじゃこ

食べられる魚

クイズ24 アユの寿命はどれくらい？

毎年、初夏から日本の川でとれ、塩焼きや天ぷらで親しまれるアユですが、その寿命はどれくらいなのでしょうか。

▲川底の石にはえている藻を食べているところ。

アユ
■体長：15cm ■分布：屋久島以北の日本各地の川の上・中流の瀬 ●藻のはえる石のまわりになわばりをつくる

❶ 1年　❷ 10年　❸ 100年

クイズ23 答え ③ もじゃこ

　もじゃこは、海流に乗って藻といっしょに運ばれるためもじゃこ（藻雑魚）と呼ばれます。ブリのように、成長するにしたがって呼び名が変わる魚を出世魚と呼び、ブリのほかにはスズキやボラなどがいます。

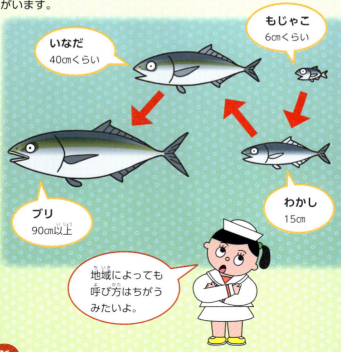

もじゃこ
6cmくらい

いなだ
40cmくらい

わかし
15cm

ブリ
90cm以上

地域によっても呼び方はちがうみたいよ。

食べられる魚

クイズ24 答え ① 1年の間に海と川を行き来してくらす

秋に川でうまれた稚魚は、海に行き、そこで成長し、春になると川にもどってくるのです。

冬

川に流されて海に入ったアユの稚魚は、海でプランクトンを食べて成長します。

春

海で育った稚魚たちが、川をのぼっていきます。

夏

川にすみ、石についた藻を食べておとなになります。

秋

川底に卵をうむと、短い命を終えます。卵は2週間ほどでふ化します。

クイズ25 サケは一生の間にどれくらい泳ぐ？

サケは川でうまれ、海で成長し、また川をのぼります。その一生の間にどれくらいのきょりを泳ぐでしょう。

▲川の上流に向かうサケ。

① 300km ② 7000km ③ 5万km

食べられる魚

クイズ26 サケが川をのぼるのは何のため？

サケは命がけで川をのぼり、あることをして死んでしまいます。それはなぜでしょう？

1. 卵をうむため
2. 敵から逃げるため
3. すみかを探すため

クイズ25 答え ② 一生でおよそ7000km泳ぐといわれる

日本の川でうまれたほとんどのサケの稚魚は川を下ると、およそ1年かけ、オホーツク海から北太平洋、日本のはるか遠くベーリング海へ移動します。種類によってもちがいますが、海で成長し、日本の川にもどってくる間におよそ7000kmも泳ぐといわれています。

川を下る稚魚
北海道など日本の川でうまれます。

オホーツク海
1年目の秋

北太平洋
1年目の冬

川に帰る
自分がうまれた川をのぼって産卵し、一生を終えます。

食べられる魚

クイズ26 答え ① 卵をうむため、自分がうまれた川をのぼる

　日本の川でうまれたサケなどは、川から海に出て日本から遠くの海で成長します。早いもので2年、遅いもので8年くらいたつと再び日本のうまれた川をのぼり、そこで産卵します。卵をうみ終えると、力つきて命を終えます。

2年目以降の夏　ベーリング海

2年目以降の冬

海で成長する
　くわしいことはわかっていませんが、季節によって海を移動しながらすごします。

サケの一生について
　うまれた川へともどってくるサケですが、遠くの海までどこを泳いでいくか、なぜ日本のうまれた川にもどってこれるのかということについてはいろいろな説があり、まだはっきりとしたことはわかっていません。

クイズ27 マダイの歯はどれ？

マダイは、海底のエビなどを食べてくらしています。前歯でえものをしっかりとらえられる歯です。

マダイ

❶

❷

❸

魚の歯っていろんな形があるんだね！

クイズ28 ヒラメの歯はどれ？

食べられる魚

海底で小魚をまちぶせして食べるヒラメ。大きく口を開いて一気にとらえます。

ヒラメ

①

②

③

クイズ27 答え ③ タイはしっかりした前歯でえものをとらえる

タイの歯は、小さなエビなどをしっかり食べることのできる前歯の奥に、ひかえの歯がはえています。

エビをつかまえたマダイ
タイの歯は、小さいえものを力強くとらえることができます。

いろいろな魚の歯

❶ 貝やウニを食べるイシダイの歯

❷ 小魚をひとのみにするカツオの歯

食べられる魚

クイズ28 答え ③ ヒラメは大きな口にするどい歯が並ぶ

ヒラメは、一度つかんだらはなさないするどい歯をもっています。

えものを待つヒラメ
ヒラメは大きな口でえものをまちぶせし、するどい歯でしっかりとらえます。

❶ サンゴをかみくだくアオブダイの歯

❷ カニをかみ切るヒガンフグの歯

クイズ29 ハリセンボンの特ちょうに、あてはまらないものは?

食べられる魚

　ハリセンボンはフグのなかまです。体の表面にするどい針のようなとげをたくさん立てられることから、「針が千本」という意味で名づけられました。ハリセンボンの特ちょうとして正しくないのはどれでしょう。

1. 敵が来るととげを飛ばす
2. とげはうろこでできている
3. ふだんはとげを立てていない

クイズ29 答え ① 「とげを飛ばす」はまちがい。とげを立てて身を守る

ハリセンボンのふだんの姿

とげは体の表面にねかせていて、体もふくらんでいません。

食用にもされている
沖縄の市場では南の海の魚の中にハリセンボンも並んでいます。

食べられる魚

　ハリセンボンのもつとげは、体の表面のうろこが変化してできたものです。飛ばすことはできません。敵におそわれると、ほかのフグと同じように体をふくらませます。体を大きく見せることと、とげが立って食べられにくくなることで、身を守っているのです。

とげを立てたところ

　敵に食べられないようにこのような姿になります。敵がおどろいたり、口に入りきらなくなって食べるのをあきらめるともとの体にもどります。

ハリセンボン
■体長：30㎝ ■分布：日本各地の沿岸のサンゴ礁や岩礁域 ●毒はない

実際のとげは数百本なんだって。

トビウオのなかまは

トビウオのなかまは敵に追われると、胸びれを広げて勢いよく空中にとび出し、遠くまで逃げることができます。いったいどれくらいのきょりをとべるでしょう。

食べられる魚

どれくらいとべる？

① 3mくらい
② 50m以上
③ 100m以上

はねを広げて
いるみたいね！

クイズ30 答え ③ 100m以上もとぶことができる

海の中で危険を感じたトビウオのなかまは、水面にとび出すと、大きな胸びれをハンググライダーのつばさのように広げ、風にのってとびます。海面すれすれの飛行は数十秒間続き、100m以上もとぶことができます。

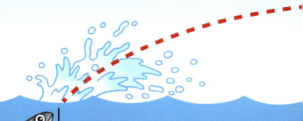

水中では

サバやマグロ、メカジキ、カジキなどの大型魚から逃げるために、もうスピードで海面からとび出します。

トビウオのなかまは全国各地で見られ、ひものやさしみなどで食べられています。

アヤトビウオ
■体長：23㎝ ■分布：日本各地の沿岸の表層 ●大きな胸びれは、黒い点のもようが特ちょう

食べられる魚

トビウオのなかまのジャンプ

広げた胸びれは動かさずに風にのってとび、ひととびで危険が去らないときは、空中でぐるっと向きを変えたり、尾びれで水面をたたいて勢いをつけ、さらに遠くまでとびます。

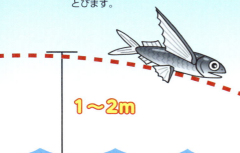

1～2m

100m以上

とぶとき

大きな胸びれがつばさの役割をはたします。トビウオのなかまには、腹びれも発達していて4枚のつばさを広げてとぶものも多くいます。

クイズ31 川で一生をすごす魚はどれ？

魚は、一生のうち海と川の両方でくらすものと、どちらか一方でくらすものがいます。この中で川だけでくらす魚はどれでしょう。

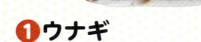

❶ ウナギ

❷ シラウオ

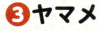

❸ ヤマメ

◀正解の魚は、きれいな川にしかすめず、また警戒心が強いため、釣ることが難しいとされています。川魚の料理でよく食べられています。

クイズ 32

ベニザケの体はいつ紅色になる？

ベニザケは、あるとき体があざやかな紅色になります。どんなときに変わるのでしょう。

ヒメマス
(川だけでくらすベニザケのこと)

① おこったとき
② 季節が変わるとき
③ 産卵の時期

クイズ31 答え③ ヤマメはきれいな川にしかいない

サケのなかまですが、一生を川ですごす陸封型の魚です。谷川のような上流の水がきれいなところにすんでいます。

ヤマメ
（サクラマスの陸封型）

■体長：30㎝ ■分布：日本海側全域・屋久島以北の太平洋側の河川 ●動物食で小さな生きものをつかまえて食べる

◀つかまえた虫を食べているところです。

🐟 食べられる魚

クイズ32 答え ③ 産卵の時期に体の色が紅色に変わる

ベニザケとヒメマスは産卵の時期になると、体があざやかな紅色に変わり、結婚する相手を探します。このように産卵時期に変化する体の色を、婚姻色といいます。

体は紅色、顔はくすんだオリーブ色になり、おすはあごがつき出ます。

ベニザケ
■体長：50㎝　■分布：北日本の沿岸から沖合の表層
●ヒメマスは川だけで成長し、産卵する陸封型のベニザケ

きれいな色になって、顔つきも変わるのね。

クイズ33 日本料理でおなじみのウナギはどこでうまれる?

自然ゆたかな川にすんでいるイメージのニホンウナギですが、もともとはどこでうまれるのでしょう。

ニホンウナギ
■全長:60cm ■分布:日本各地の川や湖沼の岩場や石垣の間 ●稚魚をつかまえて養殖する

① 川の中流あたり
② 浜辺の近く
③ 日本からはるか南の海

食べられる魚

クイズ34 このヒメジはひげで何をしている？

ヒメジは黄色いひげを使って、何をしているのでしょう。

❶ 地面につかまっている
❷ 食べ物を探している
❸ なかまに伝えるサインを書いている

砂に向かって何かしているね。

はるか南の海でうまれ日本にやってくる

クイズ33 答え ③

　ニホンウナギは、一生の間に数千kmも回遊します。ウナギは日本から1000km以上もはなれた、グアム島付近の南の海でうまれ、海流に乗って日本の川までやってきます。川で成長するとまた遠くの海まで泳いでいき産卵します。

ニホンウナギの回遊

黒潮

川で5から10年ほどくらします。

川から産卵場所まで、1000km以上のきょりを何も食べずに泳ぎます。

陸の近くまで海流に流されて移動します。

▲うまれたてのウナギ

北赤道海流

クイズ34 答え② ひげで味を感じて食べ物を探せる

食べられる魚

ヒメジのなかまは、あごのあたりにはえたひげが特ちょうです。このひげは、水中にとけている味を感じることができます。そのため、ひげを砂につっこんで食べ物を探すのです。

ヒメジ
■体長：18cm ■分布：日本各地の水深160m以浅の砂泥底 ●浅い海の砂泥底でひげを使ってえものを探す

◀コイも下あごのひげなどで味がわかり、鼻でにおいを感じます。

クイズ35 ヒラメやカレイの目のひみつは？

体の片面側に両目がそろっているヒラメとカレイ。この目について正しいのはどれでしょう。

▲目がふたつある。

▲片側には目がなく、もようもほとんどない。

① うまれたときから片面に寄っている
② 成長する間に目が移動する
③ 海面を泳ぐときだけ目が移動する

クイズ36 ヒラメやカレイが敵から逃げるすごいわざとは？

ヒラメが砂底にいるとき、とつぜん敵におそわれました。どうやって逃げるでしょう。

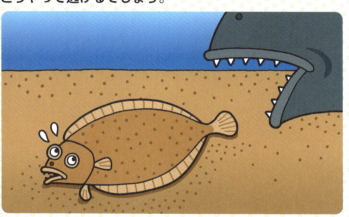

1. 体の色やもようをまわりに似せる
2. 砂嵐を起こしてかくれる
3. 海底から水面まで一気に逃げる

クイズ35 答え ② 成長とともに、目が移動して体の片側に集まる

ヒラメもカレイも、うまれたときはほかの魚と同じような姿で両側に目がついています。しかし、成長する間に、体の片面に目が集まり、体を海底で横だおしにして生活するようになります。

ヒラメの目が移動するようす

ふ化したばかり

ふ化から20日目

ふ化から30日目

ふ化から35日目

クイズ36 答え① まわりの環境に合わせて、体のもようを変える

　水あげしたときは体の色が茶色いモンダルマガレイですが、ここではすばやくまわりの砂地に合わせて、体の色を変えてかくれています。

モンダルマガレイ
■体長：35㎝　■分布：南日本・琉球列島のサンゴ礁域の砂底　●環境に合わせて体色を変える。食用ではない

ヒラメの色変化の実験　ヒラメは目に見えている風景に合わせ、体の色を白っぽくしたり、黒くしたり、白黒もようのように変化させます。

クイズ37 この魚はヒメジのなかま。見ためでついた名前とは？

❶ ヒゲウオ　❷ シロヒゲ　❸ オジサン

クイズ38 このフグがハコフグと呼ばれるわけは？

❶ 箱のような形に群れるから
❷ 箱のような体の形だから
❸ 箱のようなあなにかくれるから

食べられる魚

クイズ39 泳ぎじまんのマグロ、その泳ぎの特ちょうは？

世界の海を数千kmも泳ぐといわれるマグロ。その泳ぎにあてはまるのはどれでしょう。

① 眠っていても泳ぎ続ける
② 後ろ向きに速く泳げる
③ ドリルのように体を回転させて泳ぐ

クイズ37 答え ③ オジサン

おもしろい名前のオジサンは、沖縄料理ではおなじみです。フランスでは高級料理に使われることもある、味のよい魚です。

オジサン
■体長：20㎝ ■分布：南日本・琉球列島の水深160m以浅の砂れき底やサンゴ礁域 ●日本ではすり身などにも使われる

クイズ38 答え ② 箱のような体の形から

体の形が箱に似ていることからいわれています。うろこが変化したかたい骨板で体がおおわれています。色も美しいため、鑑賞用の魚として人気です。

ハコフグ
■体長：25㎝ ■分布：琉球列島をのぞく日本各地の沿岸の浅海域 ●皮ふに毒があるが身は食べられる

眠っているときも泳ぎ続けている

クイズ39 答え ①

食べられる魚

マグロは筋肉が発達して速く泳げる分だけ、たくさん呼吸が必要です。そこで、泳いでいるときに海水が勢いよく口に流れこむのを利用して、効率的にえら呼吸しています。泳ぐのをやめると息がとまってしまうので、たとえ眠っていても常に体を動かし、泳ぎ続けています。

泳ぎ続けるなんてびっくり！

えらで酸素をとりこむ

勢いよく水を飲みこむ

マグロは水をとり入れるため口を開けて泳ぎます。泳いでいないと呼吸ができなくなるため、一生泳ぎ続けなくてはなりません。

サメやエイの骨の

サメやエイは魚類の中でも、とても大昔から生きてきたなかまです。その骨のつくりには、ほかの魚にはない特ちょうがあります。

① 魚類でもっとも かたい
② 背骨がない
③ レントゲンに 写らない

ひみつとは？

うわっ！びっくり！

クイズ40 答え ③ 「軟骨」の骨をもち、レントゲンに写らない

レントゲンに写るのは、わたしたち人間の骨と同じかたい骨だけです。サメやエイのなかまの骨は、やわらかい「軟骨」なのでレントゲンに写りません。

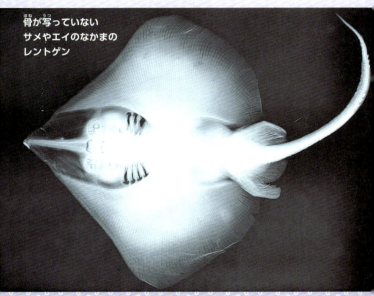

骨が写っていない
サメやエイのなかまの
レントゲン

サメやエイは「軟骨魚類」と呼ばれ、レントゲンに写らない骨をもっています。

きけんな魚

エイはうすく平べったい体をしています。

ぼくたちも、耳や関節の骨には、軟骨があるんだって！

骨が写っている スズキのなかまの レントゲン

多くの魚は「硬骨魚類」と呼ばれ、わたしたち人間と同じ成分でできた、かたい骨をもっています。レントゲンを使うと骨格がくっきりとわかります。

サメの歯のひみつとは？

サメがもっているするどくとがった歯には、肉を切りさくほかに、どんなひみつがあるのでしょう。

① 絶対に折れない
② 何度もはえかわる
③ 歯から電気を流せる

クイズ 42 いちばん体の大きいサメはどれくらい?

世界でもっとも大きいサメはどれくらい大きいのでしょう。

① 冷蔵庫くらい

② 自動車くらい

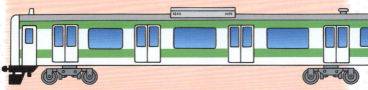
③ 電車の一両分くらい

クイズ41 答え ② サメの歯の内側には、予備の歯がびっしり

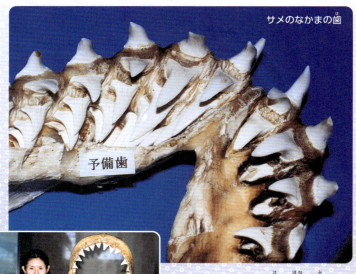

サメのなかまの歯

予備歯

▲人間と比べるととても大きなあごです。

サメのなかまの歯の骨を見ると、歯の奥にたくさん、予備の歯がまちかまえているのがわかります。次々とはえる新しい歯のおかげで、歯が折れてしまってもすぐに元通りになります。

きけんな魚

クイズ42 答え ③ ジンベエザメの大きさは電車の一両分くらい

サメでいちばん大きいジンベエザメは世界でもっとも大きい魚でもあり、その大きさは全長13mと、電車の一両分と同じくらいです。大きな体ですが、きけんな性質をもつサメではありません。

ジンベエザメ
■全長:13m
■分布:南日本・琉球列島の沿岸〜外洋の表・中層 ●世界でもっとも大きい魚。カツオといっしょに回遊することがある

クイズ43 クマノミがイソギンチャクのそばでくらすのはなぜ？

クマノミは、毒をもっているイソギンチャクのそばでくらしています。なぜでしょうか。

❶ イソギンチャクを食べるから
❷ 敵が近寄らないから
❸ ほかにすめる場所がないから

クイズ44 この2匹に共通する特ちょうとは？

デンキウナギとデンキナマズに共通している特ちょうで、正しいものはどれでしょうか。

デンキウナギ
■体長:2m ■分布:南アメリカの河川
●外見でウナギの名がつくが、ウナギのなかまではない

デンキナマズ
■体長:50㎝ ■分布:アフリカの河川
●飼育する場合は、不用意に水槽へ手をいれてはいけない

① 毒をはいて敵をきぜつさせる
② 電気で敵をしびれさせる
③ とげをつかって身を守る

クイズ43 答え ② 敵がやって来ないので、安全にくらせるから

イソギンチャクの毒針はクマノミには効果がありません。ほかの魚たちは毒を恐れてこのイソギンチャクに近づかないため、クマノミには絶好のすみかになっています。

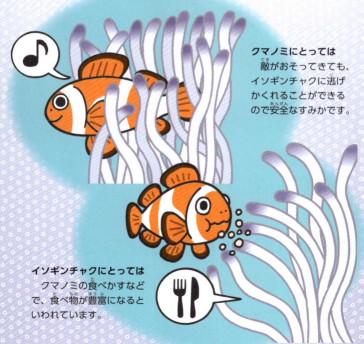

クマノミにとっては
敵がおそってきても、イソギンチャクに逃げかくれることができるので安全なすみかです。

イソギンチャクにとっては
クマノミの食べかすなどで、食べ物が豊富になるといわれています。

きけんな魚

クイズ44 答え② まわりの魚に電気ショックを与えることができる

熱帯の川にすむデンキナマズとデンキウナギは、水中に電気を流して、敵を追い払ったり、えものをとらえたりすることができます。

▶海にすむシビレエイも水中に電気を流すことができます。

シビレエイ
■体盤幅:40cm ■分布:南日本の浅海の砂泥底
●春から夏に数匹の子をうむ。さわると放電する

クイズ 45 フグがおなかをふくらませる理由(りゆう)は?

① 体内(たいない)に毒(どく)をためるため
② 敵(てき)をいかくするため
③ 浮(う)きあがるため

コクテンフグ

クイズ 46 フグはどうやっておなかをふくらませる?

① たくさん水(みず)や空気(くうき)を飲(の)む
② おなかに石(いし)をためる
③ 全身(ぜんしん)に力(ちから)を入(い)れる

クイズ47 フグの毒について、正しいのはどれ？

おいしいけれど、もう毒があることで有名なフグ。そのもう毒はどうやってできるのでしょう。

① うまれたときから毒がある
② えさにある毒をためこむ
③ 体がふくらむと毒ができる

クイズ45 答え ② 体を大きく見せて、敵をいかくする

ふだんはあまりすばやい動きをしませんが、敵におそわれると、たちまち大きくふくらみ敵をおどろかせます。

サザナミフグ

クイズ46 答え ① 水や空気をたくさん飲み、体をふくらませる

フグは腹に骨がないので、腹を大きくふくらませることができます。

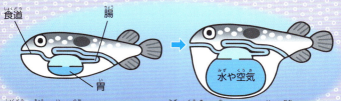

食道と腸の入り口をとじられるので、水や空気を飲みこむと胃が大きくふくらみます。

きけんな魚

クイズ47 答え ② ふだん食べているものから、少しずつ体に毒がたまる

　フグがもっている毒は、もともとは泥の中にすむ細菌がもっているものです。その細菌を食べるゴカイや貝をフグが食べることで、フグの皮ふや内臓に毒がたまっていきます。

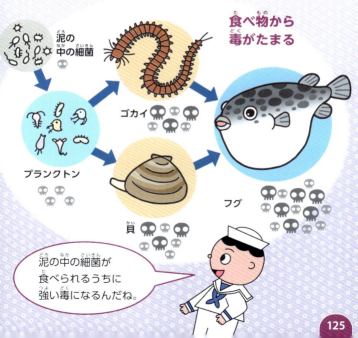

食べ物から毒がたまる

泥の中の細菌 → ゴカイ／プランクトン → 貝 → フグ

泥の中の細菌が食べられるうちに強い毒になるんだね。

クイズ48 アカエイの毒は、どこから出る？

背側　腹側

1. 口の中から
2. ひれの先から
3. 尾のとげから

クイズ49 このウツボたちは何をしている？

1. 食べ物を分け合っている
2. プロポーズしている
3. しゃべっている

きけんな魚

クイズ50 別名「ナヌカバシリ」と呼ばれるミノカサゴ。なぜ？

1. 泳ぐようすから
2. 怒るとカバのしりほど大きくなるから
3. 刺されると7日間走るほど痛いといわれるから

クイズ51 人の指をかみ切るというアマゾン川の魚はどれ？

1. ピラニア・ナッテリー
2. ピンクテールカラシン
3. シルバーシャーク

クイズ48 答え ③ 毒のとげが尾の真ん中についている

アカエイをよく見ると、尾からギザギザしたとげが突き出ていて、ここに毒があります。

クイズ49 答え ② おすとめすがプロポーズして、産卵の準備をしている

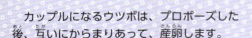

カップルになるウツボは、プロポーズした後、互いにからまりあって、産卵します。

ウツボ
■全長:80cm ■分布:南日本・小笠原諸島・琉球列島の沿岸の岩礁域 ●するどい歯をもち、気性があらい

きけんな魚

クイズ50 答え③ 刺されるととても痛い、強い毒をもつとげがある

ミノカサゴはきれいな姿ですが背びれ、しりびれ、腹びれのとげに毒があり、絶対に素手でふれてはいけません。

クイズ51 答え① ピラニアは強いあごとするどい歯を持つ

南米のアマゾン川にすむピラニア・ナッテリーは、体長およそ30㎝です。単体ではおくびょうな性格ですが、群れになってほかの小魚や小動物をおそいます。

クイズ52 シビレエイのなかまは体のどこで電気を起こす？

① 尾の先あたり
② 頭と背の間あたり
③ 胸びれのあたり

クイズ53 この沖縄の海にすむ魚たちの中で毒があるのは？

① アオブダイ
② ミナミギンポ

③ ルリスズメダイ

きけんな魚

クイズ 54 ゴンズイが身を守るためにとる行動とは？

1. 一列になって泳ぐ
2. 夜だけ活動する
3. 集まって丸くなる

ゴンズイ
■体長:18cm ■分布:南日本
●ひれのとげに毒がある

クイズ 55 オニオコゼはどこにかくれている？

クイズ52 答え3 胸びれのつけ根に、発電するしくみがある

シビレエイのなかまは危険を感じると、胸びれのつけ根の皮ふにある、ハチの巣のような形の細胞で発電し電気を出します。

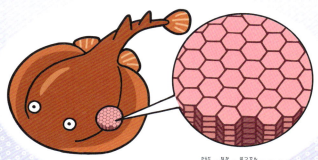

体の中の発電そうち

クイズ53 答え1 アオブダイはそのままでは食べられない

南日本より南のサンゴ礁の近くにすむアオブダイは体長およそ65cm。肝臓に毒があり、特別な技術で料理しないと食べられません。

どんな味なのかしら？

クイズ54 答え ③ 玉のように丸く集まって身を守る

ゴンズイはフェロモンを出して集まります。その姿は「ゴンズイ玉」と呼ばれます。

クイズ55 答え ② 海底の岩場の色に体を似せてかくれている

オニオコゼは毒があるので、いそなどでふれてしまわないように注意しましょう。

オニオコゼ
■体長：22cm
■分布：北海道と琉球列島をのぞく日本各地の内湾の砂泥底 ●背びれのとげはもう毒

クイズ56 200mより深い海でくらす魚を何と呼ぶ？

海は広いだけではなく、とても深いところまで生きものがすんでいます。深い海では、変わった魚がたくさんいることが知られていますが、広い海をくまなく調べるのは↗

200m

① 淡水魚
② 海底魚
③ 深海魚

 深海にすむ魚

クイズ 57 日本がほこる潜水船の名前は？

むずかしく、まだまだわからないことばかりです。深海の調査には、人が乗れる潜水船だけでなく、無人の探査機もたくさん使われています。

① しんかい6500
② きんかい4000
③ かいえん7200

クイズ56 答え ③ 水深200mより深い海でくらす魚を深海魚と呼ぶ

深い海には太陽の光がほとんど届かないため、暗く寒い世界が広がっています。この特しゅな環境を生きぬくため、ふしぎな特ちょうをもつ魚がたくさんいます。

ホウライエソ
■体長：35㎝ ■分布：水深200〜2500m ●大きな口と歯でえものをひとのみにする

ナガヅエエソ
■体長：26㎝
■分布：水深550〜1100mの海底 ●海底に立ち、流れてくるえものをじっと待つ

アズマギンザメ
■全長：80㎝ ■分布：水深200〜2600m ●サメとつきますが、サメのなかまではありません。

深海にすむ魚

クイズ57 答え ①

「しんかい6500」は深さ6500mまで潜ることができる

1990年に完成した「しんかい6500」は海の深い場所で、生きものたちのくらしや進化のひみつ、地震の発生原因や新しい海洋資源などを調べます。人が乗りこんで水深6500mまで潜ることができる世界最高水準の潜水船なのです。

画像提供：JAMSTEC

クイズ58 深海魚の特ちょうとして、正しくないのはどれ？

真っ暗でえものが少ない深海を生き残るため、深海魚に多く見られる特ちょうがあります。正しくないものはどれでしょうか。

① とても大きい目や口がある

② 体の一部が光る

③ もったいないからフンをしない

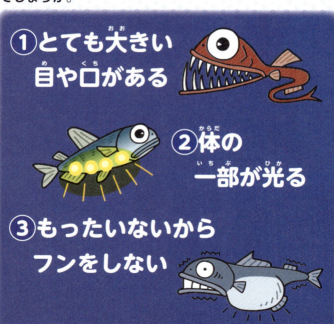

クイズ59 「生きた化石」と呼ばれるアフリカの深海魚とは？

「生きた化石」とは、大昔からほとんど姿を変えずに現代まで生きている生きもののことです。

❶ コブダイ

❷ シーラカンス

❸ メガネモチノウオ

クイズ58 答え ③ 「フンをしない」はまちがい。深海魚には大きな目と口があり、光る魚が多い

深海ではえものをとらえる大きな口と、わずかな光も見逃さない大きな目をもち、さまざまな目的で光ることのできる魚がたくさんいます。

デメニギス
■体長：12㎝ ■分布：外洋の中層 ●わずかな光も見逃さないよう、透けた頭の中には、上向きの大きな目がある

オニキンメ
■体長：10㎝ ■分布：水深600m前後 ●じっと待ち、近づいてきたえものを大きな口と歯でとらえる

フジクジラ
■全長：60㎝ ■分布：水深200m～900mの海底 ●腹部の中心と、背・側面、尾が光る

深海にすむ魚

クイズ59 答え ② シーラカンスはとても貴重な「生きた化石」

　シーラカンスのなかまは、3億8千万年前にあらわれ現在まで生きのびていると考えられています。かつては、恐竜たちと同じころに絶滅したと思われていましたが、1938年に南アフリカで発見され、現在も変わらぬ姿で生きていることがわかりました。

シーラカンスのなかまの化石　大昔からほとんど変わらない姿を残している。

シーラカンス
■体長：1.8m　■分布：アフリカ南部・コモロ諸島周辺の水深200〜500mの岩場　●昼間は海底のほらあなにひそみ、夜に活動する

シーラカンスのレプリカ標本

クイズ60 オニアンコウは、ちょうちんの光で何をする?

チョウチンアンコウのなかまのヒゲモジャオニアンコウ。顔の前にぶらさげたちょうちんが、ぼうっと光っています。これは、何のためなのでしょうか。

① 光の点滅でなかまと連絡する
② 光でえものをおびきよせる
③ 海底を照らしてえものを探す

深海にすむ魚

クイズ61 キバハダカはどうやっておすとめすが出合う?

① 1匹でおすとめす両方の役割がある
② めすがほかの魚と卵をうめる
③ うまれたときからおすとめすいっしょにくらす

広くて暗い深海はおすとめすが出合うのも大変。キバハダカはどうしているのでしょう。

クイズ62 オニアンコウはどうやっておすとめすが出合う?

① じっと待つおすをめすが探す
② おすがめすの体にくっつく
③ 待ち合わせ場所に集まる

ちょっと変わったオニアンコウのなかまがいます。

クイズ60 答え ② ちょうちんの光でえものをおびきよせる

オニアンコウは、ちょうちんの光でえものをさそいます。ちょうちんの正体は、背びれのとげが変化したイリシウムという器官です。
体に対してとても大きな口を開き、するどい歯とともに、イリシウムの先の光にさそわれて近づいたえものをひとのみにします。

クイズ61 答え ① 1匹でおすめす両方の役割を持っている

広くて暗い深海では、おすとめすが出合うのも大変です。そこでキバハダカのように、おすとめすの両方の特ちょうをもち、出合った相手と確実に子孫を残せるように工夫する深海魚も多くいます。

クイズ62 答え ② おすがめすのからだにくっついてくらしている

深海ではおすとめすが出合いにくいため、とても小さなおすはめすの体に食いつくと、そのまま体の一部となってくらします。

ユウレイ・オニアンコウ
2匹のおすがめすの腹に寄生しています。

クイズ63 世界最大の魚、ジンベエザメは何を

いったいどんなものを食べてあんなに大きくなることが

① カツオやイワシ
② 小さなプランクトン
③ ほかの小さいサメ

 いろいろな魚

食べている?

できるのでしょうか。

ぼくも
もっと大きく
なりたいなあ。

クイズ63 答え ② 大きな口でプランクトンを食べる

小さなプランクトンをたくさん食べるのね！

いろいろな魚

あたたかい海には小さなプランクトンが豊富にいます。ジンベエザメは口を開いて大量の海水ごとプランクトンを飲みこみます。大きな体ですが、大きい魚を食べることはありません。

魚は「さいは」でエサをこしとる

ジンベエザメが海水を飲みこんだとき、えらの内側の「さいは」というブラシのような部分に海水中のプランクトンがひっかかり、残りの海水ははき捨てることができます。さいはは、ジンベエザメだけのものではなく、いろいろな魚にあります。

アジのえら

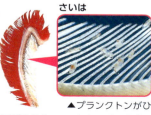

▲プランクトンがひっかかっています。

クイズ 64 魚でいちばん速く泳げる

魚たちのスピード競争です。短い時間でも水中

❶ なめらかな曲線をもつシロワニ

❷ 筋肉もりもりのバショウカジキ

❸ ロケットのようなからだのテンジクダツ

と考えられているのは？

をいちばん速く泳げるのは、どの魚でしょうか。

シロワニ
■全長：3m ■分布：南日本（伊豆諸島・小笠原諸島・琉球列島沿岸の岩礁・サンゴ礁域）●人をおそうことがある

バショウカジキ
■体長：3.3m ■分布：日本各地の外洋の表層 ●背びれを広げるとブレーキになる

テンジクダツ
■体長：1m ■分布：北海道をのぞく北日本・南日本の沿岸の表層 ●長くするどい両あごをもつ

クイズ64 答え ② バショウカジキがいちばん。時速100km以上!

▶力強く泳ぐカジキのなかま。

大きくて力強いカジキは、釣りでも人気なんだ!

いろいろな魚

カジキは、あたたかい海でくらす大型の魚です。時速100km以上のもうスピードで泳ぐことができ、魚類以外の生物をふくめた地球上でもっとも泳ぎの速い生物だと考えられています。カジキのなかまは、カジキマグロと呼ばれることもありますが、マグロとは別の生きものです。

❸のテンジクダツは・・・

ロケットのような体型のダツ。夜、海中を光で照らすと、ダツはえものとかんちがいして突進してくることがあります。船底につきささったこともあるといわれるほどの力があり、ダイバーにとってもとても危険な存在です。

クイズ65 海にいるのは海水魚。川や池にいるのは？

川や池、湖や沼など、海水よりも塩分がうすい水中にすんでいる魚たちを何と呼ぶのでしょうか。

1. **熱帯魚**
2. **河川魚**
3. **淡水魚**

塩分がうすい水ってなんていうかしら？

クイズ66 🌱いろいろな魚
川の水草をくわえた、この魚は何をしている?

小さな水草をくわえているのは、川にすむトミヨという魚のおすです。何をしているのでしょう。

❶ 巣をつくっている
❷ 水草を育てている
❸ 食べ物を運んでいる

トミヨ
■体長:6cm　■分布:福井県と岩手県以北の本州・北海道の池や小川　●背中には小さいとげが並ぶ

川や池にすむのは淡水魚

クイズ65 答え ③

　塩からい海水に対して、塩分の少ない水は淡水といい、そこにすむ魚を淡水魚と呼びます。淡水は海と比べると浅くてせまいので、海水魚よりも体が小さいものが多くいます。

クイズ66 答え ① トミヨのおすは水草を集めて巣をつくる

　はんしょくの時期になったおすのトミヨは、自分のもつなわばりの中に巣をつくります。水草に体から出した粘液をこすりつけ、接着剤のようにして立派な巣を作ると、めすをさそって産卵させます。産卵後も、おすは卵や稚魚の世話をします。

巣にめすをさそって産卵させているところ

クイズ67 このハゼはエビのそばで何をしている？

ニシキテッポウエビのそばにいるのはハナハゼとダテハゼです。3匹は何をしているのでしょうか。

❶ えものをうばい合っている
❷ いっしょにくらしている
❸ プロポーズしている

クイズ 68 このカクレウオはナマコのそばで何をしている？

カクレウオがナマコのそばをうろうろとしています。何をしているのでしょうか。

❶ ナマコを攻撃している
❷ ナマコの毒から逃げている
❸ ナマコの体にすみついている

クイズ67 答え ② いっしょに助け合ってくらしている

ダテハゼとハナハゼ、ニシキテッポウエビは、助け合ってくらしています。テッポウエビが掘ったあなにいっしょにすみ、ハナハゼは遠くを、ダテハゼは近くを警戒するのでお互いが安全にくらせます。このように、別々の生きものがいっしょに生きていくことを共生といいます。

相利共生の例

ウツボのなかまとエビ

ウツボのなかまは、一部の種のエビに寄生虫をとってもらいます。エビはそれがえさになり、お互いに得しています。このようにお互いが得する共生の関係を、相利共生といいます。

カクレウオはナマコの体にもぐりこんでくらす

クイズ68 答え ③

共生している生きものには、片方だけが得している場合もあります。これを片利共生といいます。カクレウオは、ナマコのこう門から体内に侵入し、ナマコの体を家として使います。

片利共生の例

ガンガゼとヘコアユ
毒をもつガンガゼ（ウニのなかま）のそばでヘコアユがくらし、ヘコアユにはかくれ場所になります。

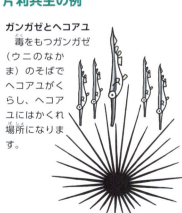

クラゲとハナビラウオの幼魚
ハナビラウオは、自分たちはさされないので、毒針をもつクラゲのそばでくらします。

クイズ69 ヨツメウオの目はなぜ仕切りがある？

ヨツメウオの目は、中が上下に仕切られていて、まるで左右合わせて4つあるように見えます。このように仕切られているのはなぜでしょう。

① 砂に顔をうめても上が見えるように
② 水中と水上を同時に見るため
③ 腹びれと背びれを確認するため

◆いろいろな魚

クイズ70 一部のカワスズメのなかまが行う変わった子育てとは？

一部のカワスズメのなかまは、子どもを敵から守るために少し変わった行動をします。何をするのでしょうか。

❶ 子どもを胸びれでかかえて泳ぐ
❷ 子どもを砂の中にうめて守る
❸ 子どもを口の中に入れて守る

クイズ69 答え ② 水中と水面上をいっしょに見て確認するため

ヨツメウオは上下に仕切られた目の上半分を水の上に出して、水面の近くを泳ぎます。こうして水面上と水中を同時に見て、上からおそってくる鳥や、水中のえものを探します。

ヨツメウオ
■体長：20cm ■分布：南アメリカの河川下流域から汽水域 ●水面からジャンプすることもある

クイズ70 答え ③ 口の中に入れて、卵や稚魚を守っている

エジプシャンマウスブリーダーは、口の中で卵をふ化させます。ふ化した後も、稚魚に危険がせまると、自分の口に入れて守ります。

エジプシャンマウスブリーダー
■体長：10〜12cm ■分布：ナイル川などの河川

クイズ 71 この変わった形のエイの名前は？

このエイは、ギザギザのついた部分を使って砂を掘り起こしたり、えものをたたいてしとめたりします。

1. クチバシエイ
2. ギザギザエイ
3. ノコギリエイ

 いろいろな魚

クイズ 72 ナンヨウマンタの「マンタ」の意味は？

そのゆったりと大きな姿があるものに似ていたため、名づけられました。何でしょうか。

① マント
② ふとん
③ タオル

大きくて平べったいね。

クイズ71 答え ③ ノコギリエイ

ノコギリエイのなかまドワーフソーフィッシュ
(マクセルアクアパーク品川)

ノコギリエイのじまんのノコギリは、敵をおそうだけではなく、水中のわずかな電気の変化を感じることができ、えものを探し出せます。

ノコギリエイ
■全長:6.5m ■分布:琉球列島の沿岸〜汽水・淡水域 ●よく似た特ちょうのノコギリザメとは別種の生きもの

クイズ72 答え① マント

マンタの下にコバンザメがくっついています。

マンタはあたたかい海にすんでいて、エイのなかまでは世界最大の生きものです。名前の由来のマントのように大きなひれを広げるようにして泳ぎます。

ナンヨウマンタ
■体盤幅：5.5m ■分布：南日本・琉球列島の外洋の表層や中層 ●プランクトンを食べて遊泳している

クイズ73 テッポウウオの すごいわざとは？

テッポウウオが水辺の草木にいる昆虫を食べるために、水中からえものしとめるわざはどれでしょう？

① 弾丸のように するどいジャンプ

② 水鉄砲のように 水をふき出す

③ まわりに無鉄砲な 体当たりをくり返す

🐟 いろいろな魚

クイズ74 カエルアンコウはどうやってえものをつかまえる?

大きな口でえものをひとのみにするカエルアンコウ。どうやってつかまえたのでしょう。

❶ にせもののえさでさそう
❷ 大きく口を開けて待ち続ける
❸ 舌をのばしてつかまえる

クイズ73 答え ② 口から水をふき出し、うち落とす

虫をめがけて水をかけています。

テッポウウオは口から水を強くふき出して、陸上の昆虫を水中に落として食べます。水面のすぐ近くにえものがいる場合は、ジャンプしてつかまえることもあります。

テッポウウオ
■体長：20㎝ ■分布：石垣島・西表島の河川汽水域・マングローブ域 ●観賞魚としても人気

にせもののえさで、えものをさそう

クイズ74 答え ①

いろいろな魚

メジナの稚魚がさそわれて近づいてきました。

　カエルアンコウは、背びれのとげが変形したアンテナとその先のふくらみを動かして、小さな生きものだとかんちがいして近づいてきたえものをつかまえます。

釣りのルアーみたいに、ほんもののえさのように動かすんだね。

クイズ75 ホンソメワケベラは何をしている?

タカサゴの口の中に、みずから頭を入れてしまったホンソメワケベラ。何をしているのでしょう。

タカサゴ

ホンソメワケベラ

ホンソメワケベラ
■体長：10cm ■分布：南日本・琉球列島・伊豆諸島・小笠原諸島沿岸の岩礁やサンゴ礁域 ●群れでくらし、体の大きいめすがおすに性転換する

① タカサゴの歯を食べている
② タカサゴの口の中にすんでいる
③ タカサゴの口の中をそうじしている

クイズ76 セミホウボウはどうやって敵をいかくする?

セミホウボウは敵におそわれると、変わった行動でいかくします。何をするのでしょう。

セミホウボウ
■体長：35cm
■分布：小笠原諸島をのぞく日本各地の浅海域の砂泥底 ●砂地にひそむ甲殻類などを食べる

① とげで刺すふりをする
② 口からスミをはく
③ 胸びれを大きく広げる

クイズ75 答え ③ 魚たちの口や体をそうじする

ホンソメワケベラは、ほかの魚の口に残った食べかすや、体につく寄生虫を食べ、そうじをします。

▲イラ ホンソメワケベラがえらや皮ふについた寄生虫を食べてそうじしています。

◀ウツボ ふだんは魚を食べるウツボも、ホンソメワケベラにそうじしてもらいます。

にせものも登場!?

ニセクロスジギンポは、ホンソメワケベラそっくりの姿です。姿を似せることで、身を守っているという説があります。

いろいろな魚

クイズ76 答え ③ 胸びれを広げて、敵をおどかす

セミホウボウの胸びれには、目玉のようなもようがたくさんあり、これを一気に広げて敵をおどろかせます。この行動は、フラッシングといいます。

胸びれを広げると、すごく大きな体に見えるね。

クイズ 77 このタナゴは何をしている?

タイリクバラタナゴのおすとめすが二枚貝に近づいてきました。何をしているのでしょう。

タイリクバラタナゴ
■体長:5cm ■分布:日本各地の川や湖 ●1940年代に中国から日本に移入されすみついた

1. 貝をこじあけ、食べようとしている
2. 貝に卵をうみつけている
3. かくれ家になる貝を探している

いろいろな魚

人間がつくった この魚の名前は？

この魚は人間がつくり出したもので、ふつう海や川など自然では見つかりません。何と呼ばれる魚でしょう。

① 熱帯魚
② 人工魚
③ 金魚

よく見かける気がするけれど、何だっけ？

クイズ77 答え ② タナゴは淡水の二枚貝に卵をうみつける

178ページの写真では、長い産卵管を使って二枚貝が水をはき出す出水管から卵をうみつけています。

産卵管

◀貝のえらの中にうみつけられた卵。

◀ふ化して、泳げるようになった稚魚は、貝のえらから外に出てきます。

クイズ78 答え ③ 金魚

ヒブナ

　金魚は、1500年以上前に中国で、ヒブナのかけあわせからうまれました。日本には室町時代に伝わり、今でもさまざまなかけあわせで品種改良が続いています。

いろんな金魚ももとはひとつの魚だったのね。

クイズ79 チンアナゴの体、砂にかくれたところはどんなふう?

砂から顔を出し、敵が来るとかくれてしまうチンアナゴ。この砂の下はいったいどうなっているのでしょう。

チンアナゴ
- ■全長:40cm
- ■分布:南日本・琉球列島・伊豆半島のサンゴ礁まわりの砂底 ●ガーデンイールとも呼ばれる

① 自分専用のあなに体を入れる
② 地中の貝がらに体を入れる
③ 体から地中に根をはっている

クイズ80 コバンザメの頭のギザギザは何のため?

コバンザメの頭には、背びれが変化したギザギザがあります。これは何のためにあるのでしょう。

コバンザメ
■体長:1m ■分布:日本各地の沿岸から沖合の表層～中層 ●大型魚の食べ残しなどを食べる

① **磁力を感じて方角を知るため**
② **大きな魚にくっつくため**
③ **敵の皮ふをけずって弱らせるため**

クイズ79 答え① 自分で掘った巣あなに、体を入れている

チンアナゴの全身

チンアナゴはあなを掘ると、体から出る粘液で、巣あなの内側をかたくかためることができます。こうして、自分専用の巣あなを作り、まわりのようすに合わせ、出たり入ったりしています。

◀敵がやってくるとすぐにかくれてやりすごします。

クイズ80 答え ② 大きな魚にくっついてくらすための吸ばんになっている

背びれが変化したギザギザは吸ばんになっていて、大きな魚の体にくっつくことができます。大きな魚といっしょにくらすことで、食べ残しにありつけ、敵におそわれる危険を減らせるのです。

▲メガネモチノウオにくっついているコバンザメ。

他人の力を借りて得している人を「コバンザメみたい」といったりするよね。

どっちのメダカがおすか、見分けられる？

魚は、種類によっておすとめすの区別がつきやすいものと、つきにくいものがあります。メダカのおすとめすを見分けるには、ひれの形や大きさに注目してみましょう。

ヒメダカ

① 上がおす
② 下がおす
③ 両方ともおす

しりびれの大きさに注目してみよう！

いろいろな魚

クイズ 82 ハナヒゲウツボってどんな魚？

1. 鼻から長いヒゲが出ている
2. 花火のように広がる毛をもつ
3. 花びらのような鼻の形をしている

クイズ 83 キュウリウオってどんな魚？

1. キュウリのような姿の魚
2. キュウリのようなにおいの魚
3. キュウリをよく食べる魚

クイズ81 答え ② しりびれが大きいものがおす

メダカのおすとめすは、背びれとしりびれにそれぞれ特ちょうがあります。

メダカのおす

背びれに切れ目があります
めすより少し大きい
はんしょく期にはしりびれ後方のすじに小さなとげができます

メダカのめす

背びれにおすのような切れ目はありません
おすより少し張り出しています
しりびれのすじの先が分かれています

クイズ82 答え3 鼻先が花びらのような形をしているから

正面から見たところ

横から見たところ

ハナヒゲウツボ
■全長:1.2m ■分布:南日本・小笠原諸島・琉球列島沿岸のサンゴ礁域 ●幼魚のときは体が黒い

クイズ83 答え2 キュウリのようなにおいがする魚

キュウリウオはさしみには向かないので、焼き魚や天ぷらなどにされます。シシャモやワカサギもキュウリウオのなかまです。

キュウリウオ
■体長:15cm ■分布:北海道オホーツク海岸・太平洋岸の浅海域 ●4〜5月に河口の近くで産卵する

クイズ84 外国の魚を日本の川や湖に放すとどうなる？

1. もともとの生態系がくずれる
2. 魚の値段が下がる
3. 泳いでもとの国に帰っていく

ブルーギル

クイズ85 メダカはひと夏で卵をどれくらいうむ？

1. およそ20個
2. およそ2000個
3. およそ200万個

いろいろな魚

クイズ86 カエルウオと呼ばれる魚の特ちょうとは？

① カエルをとらえて食べる
② カエルに似た声で鳴く
③ カエルのようにとびはねる

クイズ87 ハゼのなかまがもつ腹びれの特ちょうとは？

① 長さが2倍にのびる
② 6つある
③ 吸ばんになる

ボウズハゼ

クイズ84 答え① もともとの生態系がくずれる

ブルーギルのようにうまく生存できると、増えすぎてしまうこともあります。

もともといる日本の魚を食べたり、えさを取り合ったりすることで生態系がくずれてしまいます。

ブルーギル
- 体長：25cm　●分布：日本各地の湖沼や川
- アメリカから移入し、日本で増えた

クイズ85 答え② 毎日およそ20個、夏の間におよそ2000個うむ

メダカの体内には、卵を毎日つくり続ける器官と、できた卵をためておく器官が分かれています。

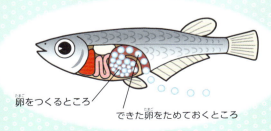

卵をつくるところ

できた卵をためておくところ

クイズ86 答え ③ ひれを使って、水面をカエルのようにとびはねる

小笠原諸島などのあらい波がかかる岩の上でくらします。えら呼吸だけでなく、ぬれた皮ふをとおして呼吸でき、岩や水面の上をピョンとはねて移動します。

クイズ87 答え ③ ハゼには腹びれに吸ばんをもつものが多い

ハゼは、吸ばんのある腹びれで石や岩などにくっつくことができます。

▲吸ばんになっているハゼの腹びれ

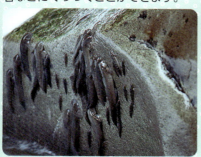

◀岩にくっついているハゼのなかま

クイズ88 カガミチョウチョウウオの体の色が、1日の間に変わるのはなぜ？

1. 昼と夜で色が変わる
2. おなかがすくと変わる
3. おしっこをすると変わる

クイズ89 ブダイのなかまが眠るときにすることとは？

1. まわりのサンゴと同じもようになる
2. 粘液で寝袋をつくる
3. 海そうを集めてふとんにする

いろいろな魚

クイズ 90
夜、マダイが海底でじっとしていることがあるのはなぜ？

1. 眠っている
2. えものを待ってる
3. 海上の星空を見ている

クイズ 91
このアオサハギは海そうで何をしている？

1. 食べている
2. 手入れして育てている
3. 眠りながらつかまっている

クイズ88 答え ① 昼と夜で体の色が変化する

カガミチョウチョウウオは、夜になって眠るときには、昼間とまったくちがうもように変化します。

昼

夜

クイズ89 答え ② 粘液を出して、その中に入って眠る

ブダイのなかまは、夜になると粘液で自分用の寝袋をつくり、その中で眠ります。

クイズ90 答え ① 夜は海底でじっと眠っていることがある

マダイは夜になると海底に下りてきて、じっとして静かに眠ることがあります。

クイズ91 答え ③ 流されないよう海そうをくわえて眠っている

アオサハギは、潮の流れがある場所にすみます。そのため、眠っている間に流されてしまわないよう、海そうをくわえています。

クイズ92 日本でいちばん小さい魚の大きさとは？

ミツボシゴマハゼという魚で、流れのゆるやかな浅い場所に群れてすんでいます。

❶ 1〜2cm　❷ 4〜5cm　❸ 7〜8cm

クイズ93 マンボウは英語で何という？

月に星、太陽。いったいどれかしら？

❶ ムーンフィッシュ
❷ スターフィッシュ
❸ サンフィッシュ

クイズ94 タツノオトシゴのなかまの変わった子育てとは？

1. 親は逆立ちして泳ぐ
2. 親はずっと眠っている
3. おすのおなかで子育てする

クイズ95 オヤニラミのおすがあらそっているのはなぜ？

1. トイレの場所をあらそっている
2. めすの産卵場所をあらそっている
3. 敵をいかくする練習

クイズ92 答え① ミツボシゴマハゼは親でも1cmちょっと

体長約1cmで、世界的にもとても小さい魚だといわれています。海水のまざる川の河口などにすんでいます。

1円玉より小さいんだ！

ミツボシゴマハゼ
■体長:1cm ■分布:琉球列島のマングローブ域 ●日本では魚の中だけでなく、せきつい動物の中でも最小

クイズ93 答え③ サンフィッシュ（太陽の魚）

マンボウは深く潜ってえさを食べ、水面付近で日光浴をして冷えた体をあたためます。太陽の日をあびるようすから、サンフィッシュと名づけられたと考えられています。

クイズ94 答え ③ おすのおなかにある袋で子育てをする

めすは、おすのおなかにある袋に卵をうみ、ふ化した稚魚がおなかから出てくるまで、おすが卵を守ります。

稚魚

▶おすのおなかから稚魚が出てきたところ

クイズ95 答え ② めすの産卵場所をめぐってあらそっている

オヤニラミのめすは、水草の茎に卵をうみつけます。おすはめすが好む水草などをめぐって、なわばりあらそいをします。

オヤニラミ
■体長:11cm ■分布:京都府より西の本州・四国東部・九州北部
●おすは卵とふ化したばかりの稚魚を守る

お店で見る「切り身」から魚の名前をあてよう

クイズ96

切り身

この魚は？

❶ タラ　❷ アジ　❸ サバ

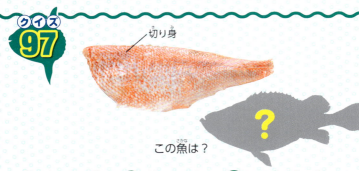

クイズ97

切り身

この魚は？

❶ カサゴ　❷ サワラ　❸ アカウオ

クイズ98

切り身

この魚は？

① サケ　② タラ　③ ワカサギ

クイズ99

切り身

この魚は？

① ニシン　② カツオ　③ カレイ

クイズ100

切り身

この魚は？

① タイ　② イワシ　③ ブリ

クイズ96 答え 3
サバ寿司でおなじみのサバ

クイズ97 答え 3
西京漬けに使われるアカウオ

クイズ98 答え 2
お鍋で人気のタラ

クイズ99 答え ③ ソテーがおいしい カレイ

クイズ100 答え ① おいわいのときに食べられる めでたいタイ！

100問目だ！おめでたい！

■監修
北里大学准教授　千葉洋明(ちばひろあき)

■写真・協力
浅原優
石井隆
内山りゅう
太田秀
沖山宗雄
OPO
独立研究法人
海洋研究開発機構
(JAMSTEC)
風間企画
岸本浩和
久保秀一
小池哲夫 (trenta)
小林安雅
島田和彦
田口哲
田丸直樹
中村泉
ネイチャー
プロダクション

林公義
(株)ピーピーエス通信社
(株)ピーシーズ
細谷和海
福田幸広／ネイチャー
プロダクション
益田海洋プロダクション
益田一
松沢陽士
望岡典隆
森文俊／ネイチャー
プロダクション
渡辺昌和
PIXTA

■イラスト・図版
川下隆
吉見礼司

■協力
マクセル
アクアパーク品川
独立研究法人
海洋研究開発機構
(JAMSTEC)
奇石博物館

■校正
鈴木進吾

■装丁
佐々木恵実
(ダグハウス)

■レイアウト
神戸道枝
友田和子

■ロゴデザイン
tobufune

■編集協力
松本浄
鈴木進吾

■編集
吉田優子
能重光希
庄司日和
徳永万結花

2013年 8月 6日 初版発行
2024年12月10日 新装版第1刷発行

発行人	川畑 勝
編集人	高尾俊太郎
発行所	株式会社Gakken 〒141-8416 東京都品川区西五反田2-11-8
印刷所	TOPPANクロレ株式会社

■この本に関する各種お問い合わせ先
●本の内容については、下記サイトの
　お問い合わせフォームよりお願いします。
　https://www.corp-gakken.co.jp/contact/
●在庫については
　Tel 03-6431-1197（販売部）
●不良品（乱丁、落丁）については
　Tel 0570-000577
　学研業務センター
　〒354-0045
　埼玉県入間郡三芳町上富279-1
●上記以外のお問い合わせは
　Tel 0570-056-710
　（学研グループ総合案内）

■学研グループの書籍・雑誌についての
　新刊情報・詳細情報は、下記をご覧く
　ださい。
　学研出版サイト
　https://hon.gakken.jp/

Ⓒ Gakken

本書の無断転載、複製、複写（コピー）、翻訳
を禁じます。
本書を代行業者等の第三者に依頼してスキャ
ンやデジタル化することは、たとえ個人や家
庭内の利用であっても、著作権法上、認めら
れておりません。

お客様へ
＊表紙の角が一部とがっていますので、お取り
　扱いには十分ご注意ください。

100問クイズ おつかれさま！

何問できたかな？

キミの点数は？

点